繪本 0219

乖乖慢吞吞

作繪者｜陳致元

責任編輯｜陳毓書　美術設計｜林家蓁　行銷企劃｜陳詩茵、吳函臻
天下雜誌群創辦人｜殷允芃　董事長兼執行長｜何琦瑜
兒童產品事業群
副總經理｜林彥傑　總編輯｜林欣靜　主編｜陳毓書　版權專員｜何晨瑋、黃微真

出版者｜親子天下股份有限公司　地址｜台北市 104 建國北路一段 96 號 4 樓
電話｜（02）2509-2800　傳真｜（02）2509-2462　網址｜www.parenting.com.tw
讀者服務專線｜（02）2662-0332　週一～週五：09:00~17:30
讀者服務傳真｜（02）2662-6048　客服信箱｜bill@cw.com.tw

法律顧問｜台英國際商務法律事務所・羅明通律師　製版印刷｜中原造像股份有限公司
總經銷｜大和圖書有限公司　電話：（02）8990-2588

出版日期｜2018 年 6 月第一版第一次印行
2022 年 4 月第一版第十次印行
定價｜280 元　書號｜BKKP0219P　ISBN｜978-957-9095-69-3（精裝）

訂購服務
親子天下 Shopping｜shopping.parenting.com.tw　海外・大量訂購｜parenting@cw.com.tw
書香花園｜台北市建國北路二段 6 巷 11 號 電話（02）2506-1635
劃撥帳號｜50331356 親子天下股份有限公司

立即購買 >
親子天下 Shopping

乖乖慢吞吞

乖乖是一個動作慢吞吞的小孩。吃飯時，東看看、西看看，過了好久都還沒吃完。

乖乖穿衣服也慢吞吞，從早上穿到中午才穿好。

乖乖想上廁所時
也慢吞吞的，
所以常常尿褲子。

星期天，乖乖本來要
去動物園玩，結果慢
吞吞的沒趕上公車，
還對媽媽生氣。

今天，乖乖和朋友們約好去公園玩，但他還是慢吞吞的穿衣服、慢吞吞的準備東西。

乖乖等到快遲到了，
才急忙的穿衣服。

媽媽搖搖頭說：
「每次都慢吞吞的，什麼時候才能快一點？」

乖乖出了門，才發現
忘了帶水壺和小熊，
又再跑回家拿。

沒想到乖乖晚出門，還最早到公園。

乖乖笑著說：「慢吞吞還是可以第一個到。」

大家怎麼都
還沒來？

他們現在到底在哪裡？

他們是不是
忘記了？
應該快來了！
來了？沒來？
還是沒人來。

花花是不是因為媽媽說他收好玩具，

才能去公園玩？但是花花慢吞吞的

不想收拾玩具……

毛毛是不是還在慢吞吞的吃早餐，
如果東看看、西看看，吃完也沒時間
去公園玩了吧？

圓圓是不是還躺在床上，
滾來滾去的不肯起床呢？

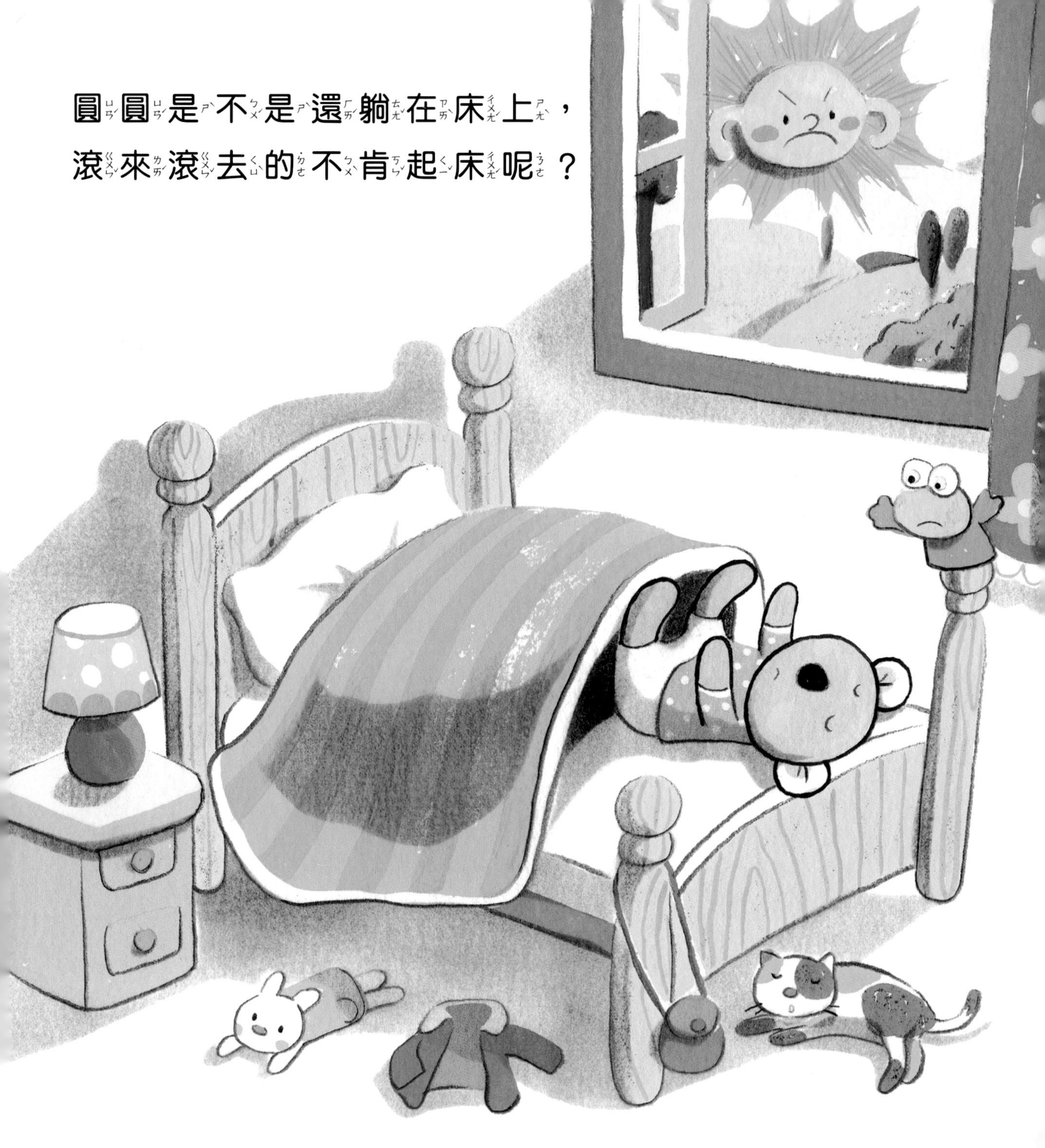

克克是不是洗澡
慢吞吞的，又脫
光衣服玩玩具，
所以發燒不能
出門呢？

乖乖在公園等到快天黑，
肚子都咕嚕咕嚕叫了！

乖乖決定不等了，
要回家吃晚餐！

乖乖回到家，剛好是晚餐時間，

可是餐盤裡空空的，什麼也沒有。

乖乖去廚房問媽媽：

「媽媽晚餐好了嗎？

我肚子好餓唷！」

沒想到媽媽做晚餐慢吞吞的，
咖哩還沒煮完，就滑手機；
青菜炒一半，就去看雜誌；
湯還沒煮，就去看電視。
所以晚餐還沒
煮好！

這件衣服真好看！
媽媽快點煮飯～

連續劇好好看唷！帥哥～
媽媽我好餓唷！

乖乖等到好餓好餓好

哦，天哪～慢吞吞真的太可怕了！

啊ㄚ～！

乖乖嚇了一大跳，

原來是做夢。

他起身跑去找媽媽！

哇！乖乖走到餐廳，

聞到早餐的香味，

原來媽媽沒有變成慢吞吞。

媽媽開心的問：「寶貝早安！ 怎麼了？」

乖乖說：「從今天開始我不要慢吞吞，

要變成動作快一點的乖乖。」

「好耶！」爸爸也

笑笑的說。

乖乖不一樣了

我可以快快
把飯吃完。

我可以快快
收拾玩具。

我可以快快
去洗澡。